Jack Boylan
Harshith Gontla

Sideróforos de ferro: um método inovador de inversão da acidificação dos oceanos

AF294287

Sideróforos de ferro: um método inovador de inversão da acidificação dos oceanos

Jack Boylan
Harshith Gontla

Sideróforos de ferro: um método inovador de inversão da acidificação dos oceanos

Escrito por: Jack Boylan e Harshith Gontla

ScienciaScripts

Imprint

Any brand names and product names mentioned in this book are subject to trademark, brand or patent protection and are trademarks or registered trademarks of their respective holders. The use of brand names, product names, common names, trade names, product descriptions etc. even without a particular marking in this work is in no way to be construed to mean that such names may be regarded as unrestricted in respect of trademark and brand protection legislation and could thus be used by anyone.

Cover image: www.ingimage.com

This book is a translation from the original published under ISBN 978-620-2-31597-5.

Publisher:
Sciencia Scripts
is a trademark of
Dodo Books Indian Ocean Ltd. and OmniScriptum S.R.L publishing group

120 High Road, East Finchley, London, N2 9ED, United Kingdom
Str. Armeneasca 28/1, office 1, Chisinau MD-2012, Republic of Moldova, Europe
Printed at: see last page
ISBN: 978-620-7-93702-8

Índice

Resumo

Devido ao aumento das emissões de dióxido de carbono nos últimos 50 anos, o oceano começou a acidificar-se a um ritmo alarmante. Um dos métodos mais promissores para inverter a acidificação dos oceanos é a fertilização com ferro. Este é o processo de despejar limalhas de ferro no oceano para despoletar a proliferação de fitoplâncton. Quando o fitoplâncton cresce em grandes quantidades, absorve mais dióxido de carbono, aumentando o pH dos oceanos. No entanto, este método não é suficientemente eficiente para ser utilizado em grande escala. A nossa solução foi utilizar sideróforos de ferro da bactéria *halimonas campisalis* para fertilizar as diatomáceas (espécies de fitoplâncton) em vez de enchimentos de ferro. Em teoria, isto estimularia melhor o crescimento das diatomáceas, uma vez que o ferro quelatado por sideróforos é mais facilmente absorvido pelos autótrofos. Durante a experimentação, recolhemos dados sobre o pH, os níveis de nitratos, a alcalinidade total e a dureza total duas vezes por dia durante cinco dias. Após a experimentação e a análise densa dos dados, a nossa hipótese de que o grupo de tratamento com sideróforos de ferro teria mais crescimento não foi confirmada. Embora os sideróforos de ferro tenham estimulado um crescimento ligeiramente mais rápido do fitoplâncton, este não se manteve durante longos períodos de tempo. De facto, os sideróforos foram prejudiciais para o crescimento, conduzindo a um pH muito mais baixo do que os enchimentos de ferro e os grupos de controlo.

Além disso, foi difícil determinar se foram os próprios sideróforos ou *a H. Campisalis* que provocaram a referida diminuição do crescimento. Por último, são necessárias mais experiências para determinar claramente os efeitos específicos dos sideróforos de ferro no crescimento do fitoplâncton.

Capítulo 1

Introdução

Com o aumento do consumo de combustíveis fósseis nos últimos 50 anos, os níveis de dióxido de carbono na atmosfera suscitam preocupações quanto à saúde do ambiente. De acordo com o Laboratório de Investigação do Sistema Terrestre, a concentração global de dióxido de carbono atingiu este ano um nível recorde de 403,95 ppm (Team E. W., 2017). Uma das maiores preocupações com o aumento das quantidades de dióxido de carbono é um fenómeno chamado "Acidificação dos Oceanos". A acidificação dos oceanos resulta da reação de quantidades crescentes de CO_2 atmosférico com moléculas de água para formar ácido carbónico. O ácido carbónico é uma substância que liberta iões de hidrogénio, baixando o pH da água do mar à sua volta. A consequente diminuição do pH do oceano de 8,2 para 8,1, ao longo das últimas três décadas, resultou numa série de efeitos irreversíveis e devastadores.

Os organismos em todo o mundo, especificamente os organismos aquáticos, são extremamente sensíveis a qualquer alteração do pH; as proteínas podem ser desnaturadas quando há uma flutuação da concentração desejada de iões de hidrogénio. Isto levou ao branqueamento de corais, à incapacidade dos crustáceos de calcificarem as suas conchas e a outros acontecimentos que prejudicam gravemente o ecossistema oceânico. Muitos dos organismos afectados pela acidificação dos oceanos desempenham um papel fundamental no ecossistema, e a perda de tais organismos prejudica a biodiversidade, bem como a capacidade do ecossistema para funcionar (EPA, 2016).

Recentemente, têm-se tentado vários métodos para travar a acidificação dos oceanos e fazer regressar o pH ao seu estado anterior à era industrial. Estes vão desde o despejo de grandes quantidades de calcário no oceano para fornecer um tampão para estabilizar o pH (Harvey, 2007), até à remoção agressiva de dióxido de carbono usando máquinas CDR (Osborne, 2015).

Embora algumas soluções se tenham revelado ligeiramente eficazes, muitas delas são demasiado dispendiosas e ineficientes, pelo que não são práticas em grande escala. Apesar dos muitos contratempos, existe uma solução promissora: a fertilização com ferro. Este é o processo através do qual o ferro férrico é despejado no oceano para estimular o crescimento de grandes florescimentos de fitoplâncton. Estes fitoplânctons têm um acesso limitado ao ferro nos seus ambientes naturais, e a introdução de ferro de uma fonte externa aumenta teoricamente a sua taxa de crescimento exponencialmente. Ao desencadear estes florescimentos, mais dióxido de carbono é absorvido dos oceanos através da fotossíntese, limitando assim a formação de ácido carbónico e devolvendo o oceano a um estado mais básico. Um problema com este processo é o facto de ser extremamente pouco fiável. A investigação mostrou que apenas cerca de 50 por cento das florescências de fitoplâncton tratadas crescem o suficiente para terem algum efeito no pH ("Is Iron

Fertilização menos eficiente?", 2014).

O método que propomos para corrigir esta ineficiência consiste em utilizar sideróforos de ferro para fertilizar o fitoplâncton em vez de ferro férrico. Os sideróforos de ferro são segregados por muitas estirpes de microrganismos em ambientes com stress de ferro. Uma vez no ambiente, permitem a ligação de iões de metais pesados para ajudar o referido microrganismo a obter o ferro necessário para o seu crescimento. Teoricamente, os sideróforos podem ser utilizados para fertilizar o fitoplâncton mais rapidamente porque são muito mais fáceis de absorver do que o ferro férrico. A principal razão para isso é que convertem o ferro férrico já existente no ambiente oceânico em ferro ferroso absorvível (por quelação) e transportam-no diretamente através da parede celular do fitoplâncton. Este é um processo muito mais rápido do que as reacções redox que ocorrem quando o fitoplâncton reduz o ferro de férrico para ferroso. Uma outra vantagem é o facto de os sideróforos utilizarem as pequenas quantidades de ferro que ocorrem naturalmente no oceano, em vez de terem de introduzir grandes quantidades de ferro férrico sob a forma de enchimentos ou flocos. Além disso, o nosso método é menos suscetível de causar grandes alterações ambientais, produzindo também maiores aumentos de pH a custos mais baixos.

Como referido anteriormente, os sideróforos de ferro são produzidos por várias bactérias quando se encontram em ambientes limitados em ferro. No entanto, muitas destas bactérias não conseguem sobreviver em condições oceânicas, tais como um pH básico e uma salinidade elevada. A investigação demonstrou que as bactérias halofílicas não só satisfazem estas condições como prosperam nelas (Irshad et al., 2014). Mais especificamente, sabe-se que a estirpe de bactérias halófilas *Halimonas Campisalis* também produz sideróforos de ferro. O objetivo desta experiência é examinar se os sideróforos de ferro produzidos pela *Halimonas Campisalis* ajudam mais no crescimento do fitoplâncton do que o ferro férrico (flocos de ferro).

Após uma pesquisa bibliográfica, concluímos que existe pouca ou nenhuma investigação sobre os efeitos dos sideróforos no crescimento específico do fitoplâncton. No entanto, existe investigação sobre o comportamento da *Halimonas Campisalis* (Mormile et al., 1999). Esta investigação descreve simplesmente a capacidade da bactéria para resistir a alterações súbitas do pH e da salinidade, bem como para tolerar temperaturas extremas. A única outra investigação relacionada com este tópico que foi encontrada é a de estudos que testam a eficácia da fertilização com ferro na inversão da acidificação dos oceanos. Estes

estudos, como já foi referido, concluíram que a utilização de ferro férrico é eficaz, mas ineficiente.

Antes da experimentação, foi levantada a hipótese de que o fitoplâncton no grupo de tratamento com sideróforos de ferro terá a maior quantidade de crescimento, como demonstrado por uma maior alteração na concentração de CO_2 e no pH da água do mar no tanque. Acreditamos que isto resultará da capacidade do fitoplâncton (diatomáceas) de absorver diretamente o ferro quelatado pelo sideróforo, em vez de ter de decompor primeiro o ferro férrico. Para quantificar o crescimento das diatomáceas, o pH e os níveis de nitrato foram medidos com um medidor de pH/iões, e a alcalinidade, dureza e concentração de ferro foram registadas com tiras de teste de qualidade da água.

Capítulo 2

Metodologia

Durante esta experiência, dois grupos de tratamento foram comparados entre si, bem como um grupo de controlo. O primeiro grupo de tratamento consistiu em limalhas de ferro e o segundo em Halimonas Campisalis produtora de sideróforos de ferro. Para preparar a experimentação, as bactérias necessárias para o segundo grupo de tratamento foram compradas em atcc.org e cultivadas utilizando o método de cultura recomendado. Os meios recomendados para H.

A Campisalis era constituída por 80 g de cloreto de sódio, 7,5 g de casaminoácidos, 5,0 g de proteose peptona n.º 3, 1,0 g de extrato de levedura, 1,0 g de citrato de sódio, 20,0 g de sulfato de magnésio hepta-hidratado, 0,5 g de fosfato dipotássico, 0,05 g de sulfato de ferro (II) de amónio. Depois de pesar cada um destes ingredientes num Erlenmeyer de 1,5 litros, adicionou-se 1 litro de água destilada e agitou-se até não restarem partículas não dissolvidas. De seguida, titulou-se para um pH de 8,00 utilizando hidróxido de potássio 10 molar. Após a síntese dos meios, 3 mL foram micro pipetados para 10 tubos de ensaio de vidro de 7 mL (com tampa) e 6 mL foram pipetados para um tubo de ensaio de 40 mL (com tampa). Finalmente, cada tubo de ensaio foi autoclavado a 121 graus Celsius durante 15 minutos (no Manual duPont) para esterilizar os meios.

Após a esterilização, o pellet microbiano foi re-hidratado com 0,5 mL de meio esterilizado. De seguida, foi colocado novamente no tubo de ensaio contendo 6 mL de meio, onde foi deixado durante 30 minutos para se dissolver completamente. Após a dissolução completa, foram pipetados 0,5 ml para cada um dos restantes 10 tubos de ensaio de 7 ml. Ao transferir as bactérias, foram utilizados métodos de transferência assépticos, que incluíram a utilização de um maçarico para inflamar a ponta de cada tubo de ensaio antes e depois da transferência. Isto criou uma corrente de convecção que livrou os tubos de qualquer ar não esterilizado que tivesse entrado durante a transferência. Depois de cada um dos 10 tubos de ensaio de 7 ml ter recebido as bactérias, foram deixados na estufa biológica laminar durante dois dias para permitir um crescimento suficiente da cultura. Como não dispúnhamos de uma incubadora, utilizámos o calor de duas luzes de crescimento de espetro total para manter a temperatura ideal de crescimento, 80 graus Fahrenheit.

Durante a experiência, foram utilizados 12 tanques de plástico de 3 litros para cultivar as diatomáceas. Para preparar cada um dos tanques, estes foram primeiro limpos com H20 desionizado com sabão, H20 desionizado e álcool etílico para esterilização total. Depois de completamente limpos, foram colocados no exaustor laminar. De seguida, foram pesados lotes de água salgada de 4 litros de cada vez. 140 gramas de mistura instantânea de água salgada oceânica foram vertidos num copo de 5 litros e foram adicionados 4 litros de água destilada. A mistura foi então agitada até estar completamente dissolvida.

Para as experiências 2, 3 e 4, cada lote de água salgada foi titulado para um pH

de 7,98 utilizando ácido sulfúrico. Depois de atingir o pH desejado, ou

simplesmente misturar (para a experiência 1), dois litros foram medidos numa

proveta graduada de 2 litros e vertidos para um tanque. Este processo foi

repetido para um segundo tanque. Todo o processo de mistura, vazamento e

eventual titulação foi repetido 6 vezes para encher cada tanque. Para as

experiências 2, 3 e 4, cada tanque foi também coberto com película de plástico e

colado à volta dos bordos da película de plástico para criar uma vedação

totalmente hermética (utilizando fita adesiva). Depois de cada tanque ter sido

completamente embrulhado, foi feita uma incisão de 3 cm, com um x-ato, no

meio do plástico que cobria o tanque. Em seguida, pesaram-se 28 mg de

metassilicato de sódio e deitaram-se em cada tanque um dia antes do início da

experimentação, para todas as experiências. Além disso, 0,258 mL de

fitoalimento f/2 de Guillard foram micro pipetados em cada tanque através da

incisão, novamente um dia antes da experimentação. Depois de encher cada

tanque com silicato e fitoalimento, a incisão de 3 cm foi coberta com cerca de 6

cm de fita adesiva para garantir uma vedação hermética. O último passo na

preparação para a experimentação incluiu o início da proliferação de

diatomáceas fora dos tanques. Isto significava deitar todas as 300 diatomáceas

(encomendadas à Niles Biological) num único copo de um litro. Foi adicionada

ao copo a mesma quantidade de silicato de sódio e de fitoalimento que foi

Na recolha de dados, os níveis de nitratos, o pH, a alcalinidade total, a dureza total e a concentração de ferro foram medidos duas vezes por dia durante cinco dias. O primeiro conjunto de medições de cada dia foi efectuado por volta das 15 horas e o segundo por volta das 20 horas. Em primeiro lugar, foram utilizados 3 tubos de ensaio de 40 mL para recolher amostras e foram etiquetados para cada um dos três grupos experimentais. Além disso, 12 tubos de ensaio de 7 ml e 12 pipetas de transferência foram etiquetados de 1 a 12 e colocados por ordem num suporte para tubos de ensaio. Em seguida, 12 ml foram pipetados para um tubo de ensaio de vidro de 40 ml utilizando uma pipeta de transferência normal do primeiro tanque. Para o efeito, nas experiências 2, 3 e 4, a fita que cobria a incisão foi retirada e, em seguida, colocada novamente sobre a incisão para manter a vedação estanque ao ar. No caso da experiência 1, os tanques não estavam cobertos com película de plástico, pelo que não foi necessário efetuar qualquer incisão. Após a recolha da amostra, os níveis de pH e de nitratos foram registados com um medidor de pH/iões Mettler Toledo. Em seguida, 6 ml da amostra foram transferidos, utilizando a mesma pipeta de transferência, para um tubo de ensaio de vidro borossilicato de 7 ml. Utilizando as tiras de teste de qualidade da água da MHT, uma única tira foi então colocada na amostra no tubo borossilicato durante 3 segundos e depois deixada secar durante 30 segundos antes de registar a alcalinidade total, a dureza e a concentração de ferro. Após a recolha dos dados para cada tanque, o tubo de ensaio de 40 mL e o tubo de ensaio de 7 mL foram então limpos com H20 desionizado. O tubo de ensaio de 7 mL foi então colocado de novo no suporte de tubos de ensaio, de cabeça para baixo, e a pipeta de transferência colocada ao lado. Este processo foi repetido para todos os doze tanques. Adicionalmente, cada tanque teve os 12mL iniciais pipetados para o tubo de ensaio de vidro de 40mL que correspondia ao mesmo tratamento ou controlo.

Capítulo 3

Resultados

Para quantificar o crescimento das diatomáceas, o pH, os níveis de
nitratos, a alcalinidade total e a dureza total foram registados duas vezes por dia
durante 5 dias. Os gráficos e tabelas de dados abaixo resumem os dados em
bruto de uma forma mais compreensível.

Gráfico 1

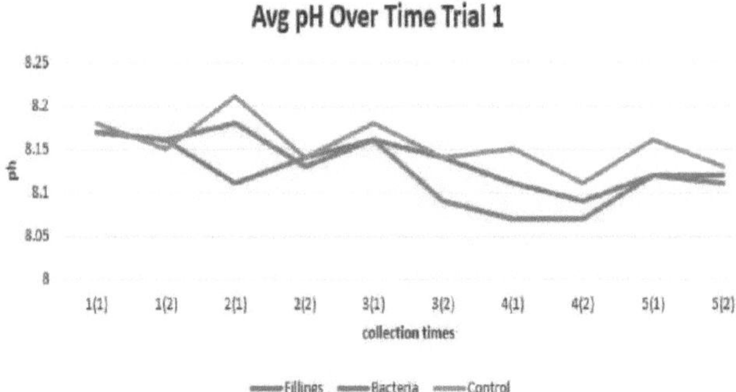

Gráfico 2

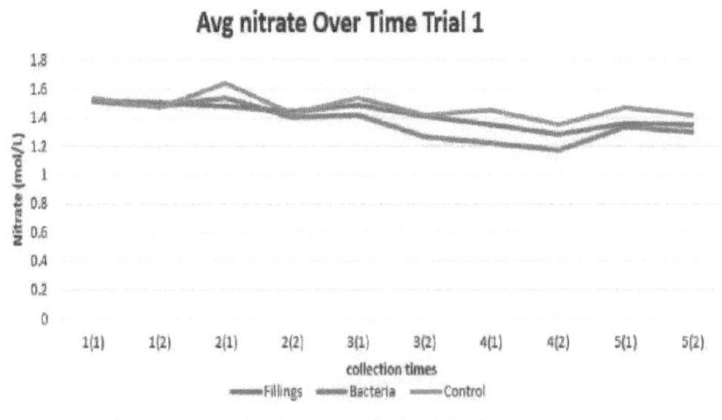

Os gráficos 1 e 2 mostram uma alteração inicial no início do ensaio 1, depois de os grupos de tratamento terem registado uma diminuição semelhante no dia 1(2). No dia 2(1), verificou-se um aumento acentuado das médias de pH e de nitratos apresentadas nos gráficos 1 e 2 relativamente ao grupo de controlo - indicado pela linha cinzenta, a que se seguiu um declínio no dia 2(2). A mesma tendência de flutuações continuou ao longo do resto da experiência, enquanto se verificava uma diminuição constante no grupo de controlo. O grupo de tratamento com limalha de ferro registou um pequeno aumento no dia 2(1), representado nos gráficos 1 e 2 por uma linha laranja. À medida que o ensaio prosseguia, registou-se um aumento constante até ao dia 3(1), altura em que se verificou um declínio constante do pH e do nitrato até ao dia 4(2). No final do ensaio, o grupo de tratamento com limalha de ferro registou um pico no pH e no nitrato. As bactérias no ensaio 1 tiveram a mesma tendência que os outros grupos de tratamento no início e tiveram flutuações semelhantes às do grupo de controlo até ao dia 3(1). Após o dia 3(1), o pH e o nitrato das bactérias continuaram a diminuir até ao dia 4(2). Nos últimos dias do ensaio, o grupo de bactérias registou um aumento acentuado. Os resultados finais deste ensaio foram que todos os 3 grupos registaram a mesma tendência de ter valores de pH e nitrato mais baixos do que inicialmente.

Gráfico 3

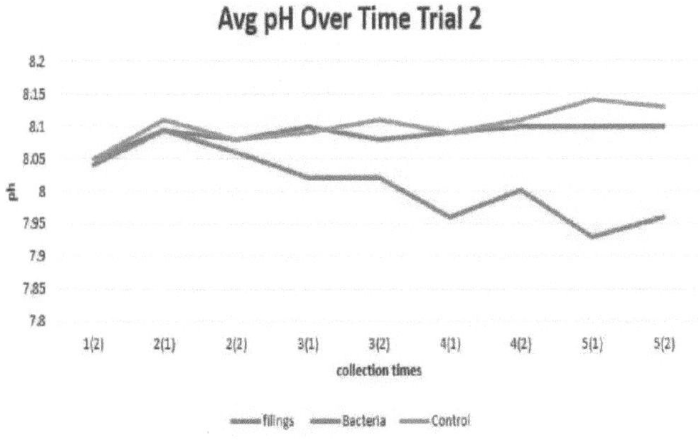

Gráfico 4

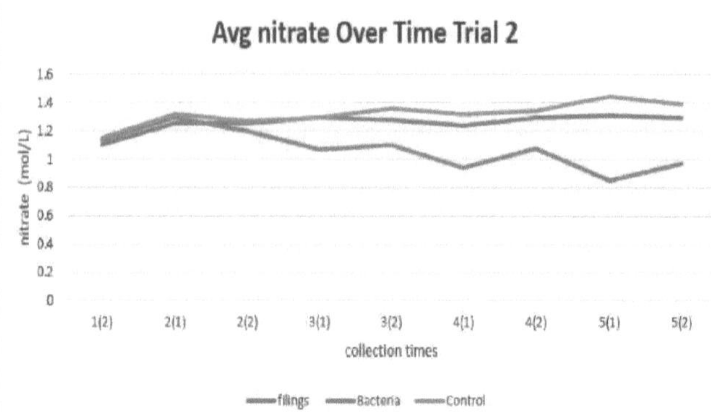

Os níveis de pH e nitrato para todos os 3 grupos nos gráficos 3 e 4 registaram

um aumento semelhante no ensaio 2 no dia 2(1). Após o aumento inicial no dia

2(1), o grupo de controlo seguiu uma tendência constante de crescimento do pH

e do nitrato durante o resto do ensaio. Após o aumento inicial no grupo de

bactérias, a tendência exibida foi um declínio constante dos níveis de pH e

nitrato a partir do dia 2(1) com algumas flutuações ao longo do caminho. As

limalhas de ferro neste ensaio seguiram a mesma tendência que o controlo, mas

com um nível um pouco mais baixo de pH e nitrato. No final, o resultado do

ensaio foi que os grupos de controlo e de limalha de ferro registaram valores de

nitrato e de pH mais elevados do que os iniciais, enquanto as bactérias

registaram níveis mais baixos em relação aos valores de nitrato e de pH.

Gráfico 5

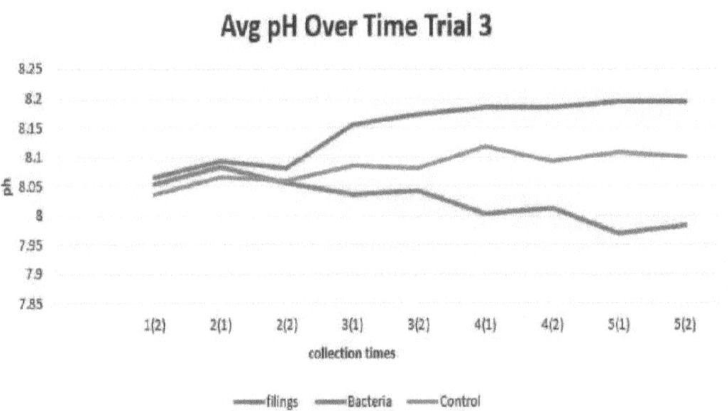

Gráfico 6

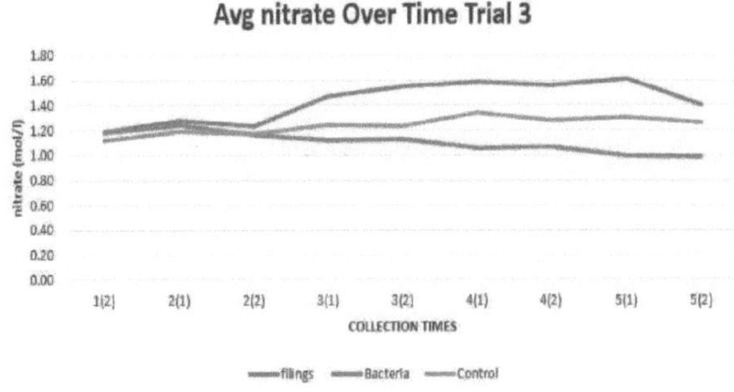

No terceiro ensaio, todos os grupos de tratamento começam por volta dos 7,98, mas entre os dias 2(2) e 3(1), os tanques de limalha de ferro registaram um enorme aumento do pH e do nitrato durante esses dias. A partir do dia 3(1), a limalha de ferro manteve-se constante, com um ligeiro aumento ao longo do percurso, mas observamos uma queda no nitrato no último dia do ensaio, embora o pH se tenha mantido inalterado. Neste ensaio, verificou-se uma tendência oposta para os grupos de limalha de ferro e de controlo. No final do ensaio, a limalha de ferro tinha um pH e um nitrato mais elevados do que o grupo de controlo. A tendência para o grupo de controlo foi vista como um crescimento constante ao longo do ensaio, tal como se viu nas outras experiências. Além disso, as bactérias pareciam seguir a mesma tendência que antes, aumentando o pH e o nitrato no dia 2(1) e depois diminuindo até ao fim. No final, os ensaios 2 e 3 seguiram a tendência de os grupos de tratamento de limalha de ferro e de controlo aumentarem os valores de pH e de nitrato e de as bactérias diminuírem sempre os seus valores de pH e de nitrato. Dos 3 ensaios, o grupo de tratamento da limalha de ferro foi o que registou o maior aumento do pH e do nitrato e a bactéria foi a que registou a maior diminuição dos seus valores.

Tabela 13. Tratamento vs. pH ao longo do tempo (Ensaio bruto 3)

tanks	1(2)	2(1)	2(2)	3(1)	3(2)	4(1)	4(2)	5(1)	5(2)
1-C	8.04	8.06	8.06	8.07	8.08	8.13	8.08	8.1	8.09
2-I	8.07	8.07	8.08	8.09	8.09	8.11	8.12	8.14	8.14
3-B	8.06	8.07	8.07	8.08	8.1	8.05	8.02	8	7.99
4-C	8.04	8.06	8.06	8.08	8.06	8.1	8.08	8.1	8.09
5-I	8.07	8.11	8.09	8.14	8.15	8.19	8.18	8.19	8.18
6-B	8.05	8.07	8.05	8.02	8.02	7.97	8.12	8.01	8.01
7-C	8.04	8.08	8.06	8.1	8.09	8.13	8.12	8.13	8.12
8-I	8.06	8.06	8.06	8.19	8.2	8.2	8.22	8.25	8.26
9-B	8.05	8.08	8.05	8.06	8.06	8.04	7.95	7.9	7.96
10-C	8.02	8.06	8.06	8.09	8.09	8.11	8.09	8.1	8.1
11-I	8.06	8.13	8.09	8.2	8.25	8.24	8.22	8.2	8.2
12-B	8.05	8.11	8.05	7.98	7.99	7.95	7.96	7.97	7.97

Acima está um exemplo dos dados brutos recolhidos. Todos os outros dados brutos podem ser encontrados no apêndice.

Tabela 19. Teste ANOVA Ensaio 1

Source	DF	Sum of squares	Mean Square	F	P
Treatments	2	4.66667e-4	2.33333e-4	.184	.834
Error	9	0.0114	.00126667		
Total	11	0.118666667			

Após o cálculo das médias, para testar a nossa hipótese, foi efectuado um teste ANOVA para cada um dos ensaios. A variação total do pH de cada aquário foi calculada e depois submetida a uma ANOVA. Uma vez calculada, o p= 0,83 do ensaio um. Para ver a significância dos dados, estes têm de ser comparados com *um* valor alfa padrão. Para esta experiência, foi utilizado o valor alfa de 0,05 para ser comparado com o valor p do teste ANOVA unidirecional. Ao comparar o valor P com o alfa, este excedeu o valor P (0,83>0,05).

Nestas circunstâncias, considera-se que o ensaio 1 não rejeita a hipótese nula. Enquanto a média dos quadrados mostrou que a variação entre as médias das amostras também é significativamente pequena, mas o erro da média dos quadrados e da soma dos quadrados foi maior. No final, o valor P do ensaio 1 excede o valor alfa, o que faz com que não se rejeite a hipótese nula.

Tabela 20. Teste ANOVA Ensaio 2

Source	DF	Sum of squares	Mean Square	F	P
Treatments	2	.063	0.0319	11.63	0.00319
Error	9	.024675	.0027		
Total	11	.0876			

Acima estão os resultados do teste ANOVA realizado com os dados do ensaio 2. Como se pode ver na tabela, a soma dos quadrados e a média dos quadrados para o tratamento são maiores do que os valores do ensaio um. Neste ensaio, o erro padrão não é maior do que a soma dos quadrados e a média dos tratamentos. O erro baixo fez com que o valor de F fosse 11,63, o que influenciou o valor de p para 0,00319, que é inferior ao alfa de 0,05, permitindo rejeitar a hipótese nula.

Tabela 21. Teste ANOVA Ensaio 3

Source	DF	Sum of squares	Mean Square	F	P
Treatments	2	.135	0.0678	14.54	0.00151
Error	9	.0419	.0046		
Total	11	.1769			

No ensaio final, o valor de p foi de 0,001, permitindo a rejeição da hipótese nula. O padrão de erro não é maior do que a soma de quadrados do tratamento e eu e, por causa do erro ser tão baixo, fez com que o valor de F fosse 14,54. Uma tendência comum que foi notada à medida que a ANOVA foi executada foi que, como a razão entre a soma dos quadrados e a média dos quadrados no tratamento estava a ficar maior do que o erro, isso influenciou o valor F a subir, fazendo com que o valor p baixasse.

Tabela 22. Ensaio de comparação Tukey-HSD 2

	B	C
A=Iron	P<.05	n/s
B=Bacteria		P<.01
C=Control		

Uma vez efectuado este teste, os dados recebidos foram que A e B eram significativos e B e C eram significativos no ensaio 2. Ao realizar este teste, utilizámos os valores das alterações de pH entre o primeiro dia e o final do dia 2.

Tabela 23. Ensaio de comparação Tukey-HSD 3

	B	C
A=Iron	P<0.1	n/s
B=Bacteria		P<.05
C=Control		

Em seguida, efectuámos um teste post hoc de Tukey e colocámos uma tabela de comparação de pares para obter os resultados significativos de B e C. No final, efectuámos o teste ANOVA e o teste post hoc HSD para ver a variação nos nossos dados e ver quais os grupos de ensaios e de tratamento mais significativos.

Por último, foi efectuada uma correlação de Pearson para examinar a relação entre o pH e o nitrato. Como

apresentado no quadro 24, este teste produziu um coeficiente de

de 0,9907. Isto indica que 99,07% dos

as alterações do pH foram atribuídas a uma alteração dos valores de nitratos.

Por outras palavras, descobriu-se uma relação muito forte entre o pH e os valores de nitratos.

Tabela 24. (Teste de correlação)

Formula	y=ax+b
a	2.9159444159
b	-22.30911389
r^2	.9907685238
r	.9953735599

Capítulo 4

Discussão/Conclusão

Depois de analisar os resultados desta experiência, concluiu-se que a nossa hipótese não era apoiada pelos dados. Os sideróforos de ferro não foram um método eficaz para estimular um crescimento mais rápido ou mais sustentado do fitoplâncton. De facto, a introdução dos sideróforos através da *Halimonas Campisalis* parece limitar o crescimento do fitoplâncton e provocar uma nova descida do pH. Além disso, o método da limalha de ferro foi tão eficaz como previsto, estimulando o crescimento do fitoplâncton apenas o suficiente para manter um pH superior ao do grupo de controlo. No entanto, foi muito mais eficaz do que os sideróforos de ferro, ao contrário do que se supunha.

Ao examinar as tendências gerais dos dados, verificou-se que tanto as limalhas de ferro como os sideróforos de ferro, quando introduzidos no fitoplâncton, tiveram muito pouco efeito no crescimento do fitoplâncton e no pH nos primeiros dois dias. Além disso, é evidente nos gráficos 3 e 5 que o pH de cada tratamento era pouco superior ao dos tanques de controlo. Além disso, uma análise mais aprofundada dos gráficos 3-6 revela que o pH e os níveis de nitratos dos tanques com sideróforos de ferro começaram a diminuir substancialmente entre os dias 3-5. Pelo contrário, o pH dos tanques com limalha de ferro manteve-se mais ou menos equivalente ao do controlo no ensaio 2, e ultrapassou-o no ensaio 3.

Para além das tendências gerais dos dados, foram utilizados os testes ANOVA e Tukey-Kramer para analisar a quantidade de diferenças significativas entre cada grupo de tratamento. Como podemos ver nas tabelas 1 a 3, apenas os ensaios 2 e 3 apresentaram um valor de p inferior ao valor de significância de 0,05 (valor alfa para esta experiência).

Isto indica que os resultados do ensaio 1 não foram suficientemente significativo para rejeitar a hipótese nula. Isto é É compreensível que os tanques não estivessem cobertos com película aderente, pelo que foi mais difícil observar qualquer tipo de diferenciação estatística entre os grupos de tratamento. O que se pode concluir, no entanto, é que os ensaios 2 e 3 apresentaram algum nível de diferença significativa entre cada um dos conjuntos de dados. Isto deveu-se provavelmente ao facto de tanto a titulação para um pH inicialmente mais baixo, como a cobertura com película aderente para criar uma vedação hermética, terem permitido que houvesse mais diferenças entre cada um dos grupos de tratamento. Para além de um teste ANOVA, foi realizado um teste Tukey-Kramer para detetar diferenças significativas entre cada um dos grupos de tratamento.

Como se pode ver nas tabelas com os resultados de Tukey dos ensaios 2 e 3, houve uma diferença significativa entre cada um dos grupos de tratamento, exceto entre o controlo e os enchimentos de ferro.

Os tanques de sideróforos de ferro tinham uma
pH mais baixo do que o do controlo e o da limalha de ferro no final do dia 5.
Isto apoia a noção de que os sideróforos provavelmente não ajudaram a
estimular um crescimento mais rápido ou mais sustentado do fitoplâncton, e
foram de facto um prejuízo para o fitoplâncton. No entanto, como os
sideróforos foram introduzidos através das bactérias halofílicas, é difícil
dizer se foram os próprios sideróforos que prejudicaram o fitoplâncton. É
também possível que *a Halimonas Campisalis* tenha ultrapassado o
fitoplâncton em termos de recursos, ou que o fitoplâncton se tenha tornado
dependente dos sideróforos e tenha tentado utilizá-los a um ritmo superior ao
que as bactérias podiam produzir. Independentemente disso, tanto a análise
estatística como as tendências gráficas gerais mostram que a introdução dos
sideróforos de ferro através da *Halimonas Campisalis* não foi um
forma eficaz de estimular o aumento da velocidade do fitoplâncton
crescimento.

Após a interpretação dos testes de Tukey-HSD, verificou-se que os
tanques de limalha de ferro não apresentavam um pH significativamente
mais elevado do que o controlo, no final da experiência. Isto também nos
permite concluir que, apesar das tendências gráficas, a limalha de ferro não
foi de facto consideravelmente eficaz na estimulação do crescimento do
fitoplâncton. Embora isto apoie a nossa hipótese inicial de que este método

não se revelou eficaz, continua a contradizer as nossas previsões iniciais, na medida em que estimulou um crescimento significativamente mais eficaz do fitoplâncton do que os sideróforos de ferro.

Uma grande preocupação com a aplicação prática tanto do grupo de tratamento com enchimento de ferro como do grupo de tratamento com bactérias foi o seu efeito na qualidade geral da água. Embora a dureza total seja geralmente utilizada como um indicador da qualidade da água potável, pode ser utilizada para medir a concentração global de partículas na água, quer sejam nocivas ou não. Como se pode ver nos quadros 12 e 16 do apêndice, tanto o grupo de enchimento com ferro como o grupo de tratamento com bactérias começaram com uma dureza muito mais elevada do que o controlo, mas terminaram com uma água ligeiramente menos dura. Isto indica que, à medida que as diatomáceas absorvem o excesso de ferro na água, a qualidade geral da água aumenta em cada tanque. Além disso, não houve diferença aparente entre os níveis de dureza das limalhas de ferro e das bactérias.

O objetivo dos ensaios 2 e 3 era testar a capacidade das diatomáceas para aumentar o pH do oceano a partir da sua acidez atual. O ensaio 1, no entanto, tinha como objetivo testar a capacidade de cada um dos tratamentos para resistir à diminuição do

pH provocado pelo dióxido de carbono. Como exemplificado por
o teste ANOVA, não houve diferença significativa
nos grupos de tratamento. No entanto, houve alguma diferença na sua
capacidade de manter um pH constante, conforme demonstrado pelas
tendências gerais dos dados. Por exemplo, o Gráfico 1 mostra que o grupo das
bactérias foi capaz de resistir inicialmente à diminuição do pH com mais
sucesso, mas falhou a longo prazo. Além disso, enquanto o grupo de controlo
foi capaz de manter um pH final mais elevado, o grupo de tratamento com
enchimento de ferro foi muito mais consistente na manutenção de um pH
constante. Isto sugere que, se uma das soluções sugeridas anteriormente fosse
capaz de reverter com êxito o pH do oceano para níveis normais, a utilização
de limalha de ferro quase como tampão seria a melhor forma de manter um
pH mais elevado.

À semelhança dos estudos actuais, a nossa experiência também
concluiu que a utilização da fertilização com ferro através de limalha de ferro
como
para inverter a acidificação dos oceanos não é um método viável
opção. Como previsto, o tempo necessário para que o fitoplâncton reduza as
cargas férricas à forma ferrosa é simplesmente demasiado longo. Embora as
limalhas, uma vez absorvidas, criem um ligeiro aumento do pH, a relação
custo/benefício é simplesmente demasiado elevada. A partir dos resultados

deste estudo, é razoável inferir que seria necessária uma quantidade

extremamente grande de limalha para fazer uma diferença suficiente no pH

do oceano.

São necessárias experiências futuras sobre os efeitos dos sideróforos de

ferro no fitoplâncton. Mais uma vez, os sideróforos mostraram ter efeitos

negativos no fitoplâncton quando introduzidos através da *Halimonas*

Campisalis. No entanto, ainda não foi possível determinar se esses efeitos

negativos são causados pelos próprios sideróforos ou pelas bactérias.

Prevemos que os sideróforos

pode ainda ser *uma* forma viável de estimular uma maior

crescimento do fitoplâncton. Além disso, é necessário testar os efeitos

específicos dos sideróforos isoladamente sobre o fitoplâncton em condições

de deficiência de ferro, o que poderia fornecer mais informações sobre os

resultados do presente estudo.

Uma nota importante para esta experiência é que os sideróforos de

ferro podem ser utilizados por quase todos os autótrofos como fonte de ferro.

Por conseguinte, se forem utilizados nos oceanos, devem ser utilizados em

zonas onde já existam florescimentos de diatomáceas. Caso contrário, é

provável que façam com que qualquer autótrofo que se encontre nas

proximidades cresça muito mais rapidamente. Dito isto, seria também necessário testar a que distâncias os sideróforos de ferro têm um efeito significativo no fitoplâncton. Se mais testes provarem que os sideróforos de ferro funcionam melhor em conjunto com limalhas de ferro, também seria necessário fazer o mesmo para as limalhas de ferro.

Por último, são necessárias mais experiências para determinar o efeito dos sideróforos noutras espécies de fitoplâncton, bem como para estudar os efeitos numa variedade de ecossistemas. No entanto, este é apenas um teste de precaução, uma vez que o retorno do oceano a um pH normal apenas ajudaria a maioria dos organismos e a qualidade geral da água não foi comprovadamente afetada nesta experiência.

Referências

Efeitos da acidificação dos oceanos e das costas na

Vida marinha. (2016, 21 de dezembro).

Obtido em 26 de outubro de 2017, de
https://www.epa.gov/ocean- acidification/effects-ocean-and-
coastal- acidification-marine-life

Harvey, D. (2007). Mitigating the Atmospheric CO2 Increase and

Ocean Acidification by Adding Limestone Powder to

Upwelling Regions. *Instituição Scripps de Oceanografia.*

Recuperado em 25 de outubro de 2017.

Irshad, A., Ahmad, I., & Kim, S. B. (2014).

Diversidade cultivável de bactérias halófilas em solos de

restinga. *Revista Brasileira de Microbiologia, 45*(2), 563-572.

doi:10.1590/sl517-83822014005000050

A fertilização com ferro é menos eficiente para o armazenamento de

dióxido de carbono em águas profundas do que se pensava? (n.d.).

Recuperado em 26 de outubro de 2017, de

https://phys.org/news/2014-11-iron- fertilization-efficient-deep-sea-
carbon.html

Mormile, M. R., Romine, M. F., Garcia, M.,

Ventosa, A., Bailey, T. J., & Peyton, B. M. (1999). Halomonas campisalis sp.nov., uma bactéria desnitrificante, moderadamente haloalcalifílica. *Systematic and Applied Microbiology, 22*(4), 551-558. doi:10.1016/s0723-2020(99)80008-3

Osborne, H. (2015, 03 de agosto). Reverter a acidificação dos oceanos com uma remoção agressiva de CO2 levará mais de 700 anos. Recuperado

26 de outubro de 2017, de http://www.ibtimes.co.uk/reversing-ocean- acidification-aggressive-co2-removal-will- take-more-700-years-1513897

Equipa, E. W. (2005, 01 de outubro). Divisão de Monitorização Global do CERS - Rede Global de Referência de Gases com Efeito de Estufa. Recuperado em 26 de outubro de 2017, de

https://www.esrl.noaa.gov/gmd/ccgg/trends /global.html

Apêndice

Gostaríamos de agradecer ao Dr. Gautam Gupta e ao Departamento de Engenharia Química da Universidade de Louisville. Sem a sua cooperação e assistência, este projeto nunca teria sido possível.

Chave para a recolha de dados:

1-C = Tanque Um, Grupo de Controlo

5-1 = Tanque cinco, grupo das limalhas de ferro

12-B = Tanque Doze, Grupo de Bactérias 1(1) = Primeiro dia, Hora 1 (15:00)
4(2) = Dia quatro, hora 2 (20 horas)

Tabela 1. Tratamento vs. pH ao longo do tempo (Ensaio bruto 1)

Collection Time	1(1)	1(2)	2(1)	2(2)	3(1)	3(2)
	4(1)	4(2)	5(1)	5(2)		
Tanks						
1-I	8.11	8.15	8.08	8.16	8.17	8.15
	8.1	8.1	8.11	8.11		
2-I	8.2	8.16	8.18	8.15	8.18	8.16
	8.13	8.1	8.13	8.12		

3-I	8.2	8.17	8.18	8.13	8.14	8.11
	8.1	8.08	8.11	8.12		
4-I	8.18	8.15	8.19	8.13	8.15	8.12
	8.11	8.09	8.14	8.12		
5-B	8.16	8.16	8.16	8.13	8.16	8.09
	8.07	8.05	8.12	8.11		
6-B	8.16	8.14	8.12	8.1	8.14	8.08
	8.08	8.07	8.11	8.1		
7-B	8.16	8.15	8.22	8.14	8.15	8.09
	8.06	8.07	8.13	8.11		
8-B	8.21	8.17	8.2	8.16	8.18	8.1
	8.08	8.08	8.11	8.11		
9-C	8.17	8.17	8.21	8.15	8.22	8.16
	8.15	8.12	8.17	8.16		
10-C	8.21	8.17	8.24	8.15	8.2	8.14
	8.17	8.13	8.16	8.14		
11-C	8.15	8.13	8.2	8.11	8.13	8.12
	8.12	8.11	8.14	8.13		
12-C	8.2	8.13	8.19	8.13	8.15	8.13
	8.15	8.09	8.15	8.1		

Tabela 2. Tratamento vs. pH ao longo do tempo (médias do ensaio 1)

| Treatment (pH avg) | 1(1) | 1(2) | 2(1) | 2(2) | 3(1) |
	3(2)	4(1)	4(2)	5(1)	5(2)
Fillings	8.17	8.16	8.11	8.14	8.16
	8.14	8.11	8.09	8.12	8.12
Bacteria	8.17	8.16	8.18	8.13	8.16
	8.09	8.07	8.07	8.12	8.11
Control	8.18	8.15	8.21	8.14	8.18
	8.14	8.15	8.11	8.16	8.13

Tabela 3. Horas extras de tratamento vs. nitrato (mol/L) (Ensaio bruto 1)

Tank #	1(1)	1(2)	2(1)	2(2)	3(1)	3(2)
	4(1)	4(2)	5(1)	5(2)		
1	1.36	1.46	1.27	1.5	1.52	1.45
	1.4	1.28	1.32	1.35		
2	1.64	1.49	1.52	1.46	1.55	1.47
	1.37	1.3	1.37	1.36		
3	1.57	1.52	1.55	1.41	1.43	1.33
	1.29	1.24	1.33	1.35		
4	1.51	1.56	1.57	1.39	1.44	1.37
	1.33	1.29	1.4	1.35		
5	1.5	1.53	1.5	1.38	1.28	1.25
	1.2	1.15	1.33	1.3		
6	1.42	1.4	1.33	1.3	1.42	1.24
	1.25	1.21	1.31	1.28		
7	1.49	1.47	1.71	1.44	1.44	1.27
	1.19	1.19	1.37	1.31		
8	1.64	1.53	1.6	1.47	1.54	1.3
	1.25	1.14	1.32	1.31		
9	1.51	1.54	1.66	1.48	1.69	1.49
	1.51	1.38	1.52	1.53		
10	1.62	1.53	1.74	1.44	1.64	1.44
	1.52	1.39	1.49	1.42		
11	1.47	1.4	1.63	1.36	1.39	1.35
	1.35	1.33	1.43	1.39		
12	1.55	1.4	1.53	1.45	1.45	1.4
	1.41	1.3	1.43	1.33		

Tabela 4. Tratamento vs. Nitrato (mol/L) horas extras (Avg Trial 1)

Treatment(nitrate)	1(1)	1(2)	2(1)	2(2)	3(1)
	3(2)	4(1)	4(2)	5(1)	5(2)
Fillings	1.52	1.5	1.48	1.44	1.49
	1.41	1.35	1.28	1.36	1.35
Bacteria	1.51	1.48	1.54	1.4	1.42
	1.27	1.22	1.17	1.33	1.3
Control	1.54	1.47	1.64	1.43	1.54
	1.42	1.45	1.35	1.47	1.42

Tabela 5. Tratamento vs. alcalinidade (ppm) horas extraordinárias (Ensaio bruto 1)

Tank #	1(1)	1(2)	2(1)	2(2)	3(1)	3(2)	4(1)
	4(2)	5(1)	5(2)				
1	200	170	120	185	190	220	350
	290	280	308				
2	180	160	190	190	195	310	280
	295	250	305				
3	190	185	180	190		310	290
	300	295	300				
4	190	190	210	185		300	280
	300	285	295				
5	185	195	185	220		350	200
	300	275	300				
6	180	190	190	190		330	300
	310	280	300				
7	190	170	180	185		350	290
	300	270	305				
8	180	200	190	200		360	365
	300	30	310				
9	190	185	190	190		340	280
	295	180	305				
10	190	190	180	200		350	270
	295	290	300				
11	160	175	160	205		350	300
	310	280	290				
12	175	185	120	180		360	280
	200	120	250				

Tabela 6. Tratamento vs. Dureza total (ppm) ao longo do tempo (Ensaio bruto 1)

Tank #	1(1)	1(2)	2(1)	2(2)	3(1)	3(2)	4(1)	4(2)	5(1)	5(2)
1	150	200	180	170	190	410	400	410	400	420
2	170	220	120	210	220	440	320	400	400	400
3	190	190	190	170		430	310	390	395	395
4	240	180	250	150		440	310	385	410	400
5	235	210	200	180		480	450	390	415	390
6	240	190	210	170		440	400	390	400	390
7	235	150	250	160		420	410	390	395	390
8	240	190	180	160		410	310	410	400	400
9	200	170	180	200		430	400	390	395	390
10	220	170	170	160		440	410	480	410	400
11	100	150	130	180		450	420	420	400	400
12	200	190	180	170		440	430	310	400	390

Tabela 7. Tratamento vs. pH ao longo do tempo (Ensaio bruto 2)

tanks	1(2) 4(2)	2(1) 5(1)	2(2) 5(2)	3(1)	3(2)	4(1)
1-I	8.04 8.1	8.09 8.12	8.12 8.13	8.11	8.07	8.11
2-B	8.1 7.99	8.12 7.95	8.14 7.94	8.03	8.03	8.03
3-C	8.1 8.12	8.12 8.15	8.14 8.14	8.11	8.13	8.14
4-I	8.02 8.1	8.08 8.11	8.09 8.1	8.07	8.07	8.08
5-B	8 7.97	8.08 7.93	8.04 8.09	8	7.99	7.95
6-C	8.03 8.1	8.06 8.14	8.06 8.12	8.06	8.09	8.08
7-I	8.08 8.1	8.13 8.1	8.09 8.1	8.12	8.09	8.1
8-B	8.06 7.99	8.1 7.91	8.06 7.9	8.04	8	7.99
9-C	8.06 8.12	8.1 8.16	8.03 8.12	8.1	8.1	8.06
10-I	8.04 8.08	8.08 8.07	8.03 8.07	8.1	8.09	8.06
11-B	8.01 8.04	8.08 7.93	8.01 7.92	8	8.07	7.88
12-C	8.01 8.11	8.14 8.15	8.1 8.14	8.1	8.11	8.08

Tabela 8. Tratamento vs. pH ao longo do tempo (Médias do ensaio 2)

treatment(pH avg)	1(2) 4(1)	2(1) 4(2)	2(2) 5(1)	3(1) 5(2)	3(2)
filings	8.05 8.09	8.1 8.1	8.08 8.1	8.1 8.1	8.08
Bacteria	8.04 7.96	8.1 8	8.06 7.93	8.02 7.96	8.02
Control	8.05 8.09	8.11 8.11	8.08 8.14	8.09 8.13	8.11

Tabela 9. Tratamento vs. Nitrato (mol/L) horas extras (Bruto Prova 2)

tanks	1(2)	2(1)	2(2)	3(1)	3(2)	4(1)	4(2)	5(1)	5(2)
1-I	1.13	1.17	1.34	1.31	1.32	1.31	1.3	1.35	1.37
2-B	1.31	1.35	1.43	1.09	1.13	1.06	1.01	0.91	0.89
3-C	1.23	1.36	1.43	1.37	1.4	1.43	1.35	1.44	1.43
4-I	1.07	1.2	1.27	1.22	1.23	1.26	1.29	1.32	1.3
5-B	1.02	1.24	1.13	1.01	1.03	0.91	0.96	0.855	1.27
6-C	1.08	1.21	1.18	1.21	1.27	1.27	1.28	1.42	1.34
7-I	1.1	1.35	1.27	1.34	1.29	1.27	1.3	1.32	1.29
8-B	1.16	1.32	1.2	1.13	1.04	1.01	1	0.859	0.89
9-C	1.16	1.29	1.18	1.3	1.31	1.28	1.34	1.48	1.36
10-I	1.11	1.29	1.1	1.3	1.29	1.1	1.26	1.23	1.19
11-B	1.04	1.18	1.04	1.03	1.19	0.77	1.33	0.78	0.84
12-C	1.13	1.42	1.29	1.28	1.36	1.29	1.38	1.45	1.41

Tabela 10. Tratamento vs. Horas extraordinárias de nitrato (Mol/L) (Médias do ensaio 2)

treatment (nitrate)	1(2)	2(1)	2(2)	3(1)	3(2)	4(1)	4(2)	5(1)	5(2)
filings	1.1	1.25	1.25	1.29	1.28	1.22	1.29	1.31	1.29
Bacteria	1.13	1.27	1.2	1.07	1.1	0.94	1.08	0.85	0.97
Control	1.15	1.32	1.27	1.29	1.36	1.32	1.34	1.45	1.39

Tabela 11. Tratamento vs. alcalinidade (ppm) durante o tempo extra (Ensaio bruto 2)

Tank #	1(2)	2(1)	2(2)	3(1)	3(2)	4(1)	4(2)	5(1)	5(2)
1	170	120	195	180	170	220	200	130	185
2	150	160	175	185	120	225	180	120	175
3	190	160	210	195	180	180	170	170	170
4	195	170	175	185	180	170	180	170	175
5	200	150	185	200	180	175	180	100	185
6	120	110	175	190	190	180	160	180	175
7	200	100	200	175	120	170	160	155	180
8	195	120	195	190	170	175	150	130	170
9	90	90	180	190	220	165	180	170	165
10	130	200	190	185	150	160	180	140	160
11	210	180	195	205	195	175	150	140	175
12	185	180	195	200	190	180	170	160	200

Tabela 12. Tratamento vs. Dureza Total (ppm) ao longo do tempo (Ensaio Bruto 2)

Tank #	1(2)	2(1)	2(2)	3(1)	3(2)	4(1)	4(2)	5(1)	5(2)
1	100	125	70	55	60	50	50	55	50
2	80	100	60	50	70	60	60	65	50
3	80	90	50	60	50	60	55	55	45
4	50	70	55	50	60	55	55	60	50
5	110	100	55	50	60	55	60	65	50
6	50	55	55	50	60	50	60	60	55
7	70	80	60	55	65	50	60	55	45
8	80	70	60	55	65	55	55	60	55
9	60	70	60	50	60	50	65	65	60
10	50	60	50	55	60	60	65	60	50
11	55	50	50	50	55	45	50	50	40
12	65	85	50	55	65	50	60	55	50

Tabela 13. Tratamento vs. pH ao longo do tempo (Ensaio em bruto 3)

tanks	1(2)	2(1)	2(2)	3(1)	3(2)	4(1)	4(2)	5(1)	5(2)
1-C	8.04	8.06	8.06	8.07	8.08	8.13	8.08	8.1	8.09
2-I	8.07	8.07	8.08	8.09	8.09	8.11	8.12	8.14	8.14
3-B	8.06	8.07	8.07	8.08	8.1	8.05	8.02	8	7.99
4-C	8.04	8.06	8.06	8.08	8.06	8.1	8.08	8.1	8.09

5-I	8.07	8.11	8.09	8.14	8.15	8.19	8.18	8.19	8.18
6-B	8.05	8.07	8.05	8.02	8.02	7.97	8.12	8.01	8.01
7-C	8.04	8.08	8.06	8.1	8.09	8.13	8.12	8.13	8.12
8-I	8.06	8.06	8.06	8.19	8.2	8.2	8.22	8.25	8.26
9-B	8.05	8.08	8.05	8.06	8.06	8.04	7.95	7.9	7.96
10-C	8.02	8.06	8.06	8.09	8.09	8.11	8.09	8.1	8.1
11-I	8.06	8.13	8.09	8.2	8.25	8.24	8.22	8.2	8.2
12-B	8.05	8.11	8.05	7.98	7.99	7.95	7.96	7.97	7.97

Tabela 14. Tratamento vs. pH ao longo do tempo (Médias do ensaio 3)

treatment (pH averages)	1(2)	2(1)	2(2)	3(1)	3(2)	4(1)	4(2)	5(1)	5(2)
filings	8.07	8.09	8.08	8.16	8.17	8.19	8.19	8.20	8.20
Bacteria	8.05	8.08	8.06	8.04	8.04	8.00	8.01	7.97	7.98
Control	8.04	8.07	8.06	8.09	8.08	8.12	8.09	8.11	8.10

Tabela 15. Tratamento vs. Nitrato (mol/L) horas extras (Bruto Ensaio 3)

tanks	1(2)	2(1)	2(2)	3(1)	3(2)	4(1)	4(2)	5(1)	5(2)
1-C	1.12	1.13	1.15	1.21	1.22	1.38	1.23	1.27	1.2
2-I	1.18	1.2	1.22	1.25	1.3	1.35	1.34	1.41	1.41
3-B	1.2	1.21	1.19	1.21	1.25	1.17	1.06	1.02	0.98
4-C	1.13	1.17	1.18	1.23	1.18	1.3	1.24	1.27	1.26
5-I	1.21	1.31	1.27	1.41	1.43	1.6	1.53	1.57	1.53
6-B	1.15	1.23	1.17	1.08	1.08	0.967	1.36	1.03	1.06
7-C	1.14	1.24	1.19	1.28	1.28	1.4	1.37	1.39	1.3
8-I	1.18	1.2	1.17	1.59	1.66	1.62	1.68	1.8	1.03
9-B	1.18	1.24	1.16	1.17	1.17	1.13	0.91	0.95	0.94
10-C	1.08	1.21	1.17	1.25	1.24	1.28	1.26	1.28	1.28
11-I	1.18	1.39	1.26	1.63	1.81	1.76	1.68	1.65	1.63
12-B	1.17	1.29	1.14	1.01	0.99	0.945	0.93	0.96	0.96

Tabela 16. Tratamento vs. Nitrato (moles/L) horas extraordinárias (AVG Ensaio 3)

treatment(Nitrate AVG)	1(2)	2(1)	2(2)	3(1)	3(2)
	4(1)	4(2)	5(1)	5(2)	
filings	1.19	1.28	1.23	1.47	1.55
	1.58	1.56	1.61	1.4	
Bacteria	1.18	1.24	1.17	1.12	1.12
	1.05	1.05	0.99	0.98	
Control	1.12	1.19	1.17	1.24	1.23
	1.34	1.34	1.3	1.26	

Tabela 17. Tratamento vs. Alcalinidade (ppm) ao longo do tempo (Ensaio Bruto 3)

Tank #	1(2)	2(1)	2(2)	3(1)	3(2)	4(1)	4(2)	5(1)	5(2)
1	185	175	175	175	170	180	185	185	250
2	180	120	170	160	160	165	175	180	175
3	180	120	160	165	160	155	180	180	180
4	190	170	200	170	170	160	175	195	175
5	190	170	175	175	160	15	200	175	200
6	175	150	185	175	170	160	195	170	185
7	180	175	180	190	185	170	210	180	170
8	180	160	190	180	170	175	185	170	165
9	195	170	180	180	185	180	210	185	220
10	175	170	170	210	200	190	200	175	175
11	180	170	175	170	180	180	230	175	180
12	185	175	160	190	185	170	220	170	160

Tabela 18. Tratamento vs. Dureza Total (ppm) ao longo do tempo (Ensaio Bruto 3)

Tank #	1(2)	2(1)	2(2)	3(1)	3(2)	4(1)	4(2)	5(1)	5(2)
1	50	5	45	55	55	50	50	50	40
2	40	50	40	45	50	50	45	40	30
3	35	50	30	445	50	50	45	40	30
4	55	35	45	50	55	55	40	35	35
5	55	55	55	50	55	60	45	55	50
6	6	55	55	55	50	50	40	30	30
7	50	55	55	40	50	55	40	45	55
8	40	50	50	45	50	55	35	35	50
9	45	50	55	60	65	60	40	40	30
10	40	50	50	30	45	50	45	35	35
11	45	50	40	50	55	60	45	30	45
12	35	50	45	45	50	55	40	30	50

yes
I want morebooks!

Buy your books fast and straightforward online - at one of world's fastest growing online book stores! Environmentally sound due to Print-on-Demand technologies.

Buy your books online at
www.morebooks.shop

Compre os seus livros mais rápido e diretamente na internet, em uma das livrarias on-line com o maior crescimento no mundo! Produção que protege o meio ambiente através das tecnologias de impressão sob demanda.

Compre os seus livros on-line em
www.morebooks.shop

Printed by Books on Demand GmbH, Norderstedt / Germany